国家电网
STATE GRID

U0038980

安全生产反违章管理
工作图鉴

本书编委会　编著

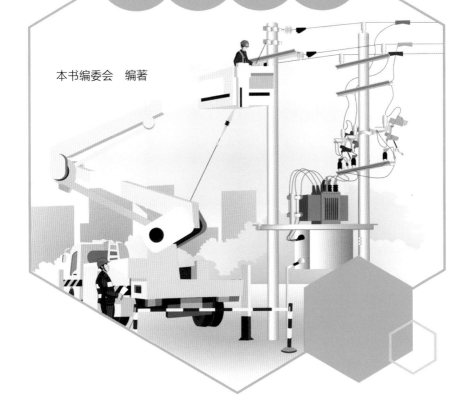

電子工業出版社·
Publishing House of Electronics Industry
北京 · BEIJING

图书在版编目（CIP）数据

安全生产反违章管理工作图鉴/《安全生产反违章管理工作图鉴》编委会编著.
—北京：电子工业出版社，2021.1

ISBN 978-7-121-40078-0

Ⅰ.①安… Ⅱ.①安… Ⅲ.①安全生产－生产管理－图集 Ⅳ.①X92-64

中国版本图书馆CIP数据核字（2020）第240266号

责任编辑：郑志宁
文字编辑：杜　皎
印　　刷：中国电影出版社印刷厂
装　　订：中国电影出版社印刷厂
出版发行：电子工业出版社
　　　　　北京市海淀区万寿路173信箱　　　邮编：100036
开　　本：889×1194　1/32　　印张：4.5　　字数：157千字
版　　次：2021年1月第1版
印　　次：2021年1月第2次印刷
定　　价：68.00元

凡所购买电子工业出版社图书有缺损问题，请向购买书店调换。若书店售缺，请与本社发行部联系，联系及邮购电话：（010）88254888，88258888。

质量投诉请发邮件至zlts@phei.com.cn，盗版侵权举报请发邮件至dbqq@phei.com.cn。

本书咨询联系方式：（010）88254210，influence@phei.com.cn，微信号：yingxianglibook。

《安全生产反违章管理工作图鉴》

编委会人员名单

违章是事故之源，违章是伤亡之源。多年来，国家电网甘肃省电力公司将开展安全生产和反违章作为加强安全生产管理的基础性工作和重要抓手，紧密围绕"查防结合，以防为主，落实责任，健全机制"的基本原则，积极探索系统化反违章理论，统一全员反违章思想，健全反违章工作机制，规范违章情形和违章记分标准，突出专业管理部门主体责任，逐步建立起了常态化立体反违章长效工作新机制，形成了全面、全员、全过程、全方位反违章的良好工作局面，促进了员工安全行为规范的养成，提高了安全生产规章制度的执行力。

为使各级管理人员和作业人员更直观、准确地理解和掌握违章各类情形，切实提高辨识和预防违章的能力，我们结合多年安全生产反违章工作经验和典型案例，组织编写了《安全生产反违章管理工作图鉴》（以下简称《图鉴》），用丰富生动、图文并茂的漫画形式，将各种违章典型情形加以展现，对违章类型及其危害进行了解读。

《图鉴》涵盖电网企业安全生产的主要环节和各个领域，帮助电力企业员工更好地理解和掌握"什么是违章""违章有何危害""如何预防违章"，有效地查纠和预防违章，把安全教育培训寓于生动形象的画面和案例中，让安全规章制度潜移默化到读者心中，推进反违章工作规范化、标准化开展。

《图鉴》可作为电网企业员工开展安全生产反违章工作的辅助工具和参考资料，希望能为大家提供更多的启发和借鉴。由于编者业务水平及工作经验所限，书中难免有疏漏或不妥之处，恳请广大读者批评指正！

编委会

2020年9月

目录 CONTENTS

第一章　安全红线

第二章　管理违章

第三章　装置违章

第四章 行为违章

第一章

安全红线
SAFETY RED LINE

安全红线

序号	违章内容	重点释义
1	作业未受控	① 计划性作业未纳入受控管理 ② 临时作业未经分管领导审批 ③ 风险作业未纳入风险管控
2	方案措施未审批	① 未按规定开展现场勘查 ② "三措一案"（组织措施、技术措施、安全措施和作业方案）未按要求分级审批 ③ 未签证投入使用重要设施、转接重要工序
3	安全措施不足	① 运行、检修设备未明显隔离 ② 接地保护措施不足 ③ 在作业过程中失去安全保护 ④ 在有限空间作业前不通风、不检测 ⑤ 电动机械或电动工具未做到"一机一闸一保护" ⑥ 危化品"五双"制度不落实（双人收发、双人记账、双人双锁、双人双锁、双人运输、双人使用）
4	人员队伍不合格	① 安全考试不合格人员担任工作票"三种人"（工作票签发人、工作许可人、工作负责人） ② 作业现场关键人员非本单位自有人员 ③ 作业队伍、人员资质不合格或有效证件过期 ④ 无准驾证人员驾驶公车、船舶
5	无票作业，无票操作	① 不按规定执行"两票"，包括动火工作票、二次工作安全措施票 ② 超范围作业 ③ 不按顺序倒闸操作
6	冒险作业或强令冒险作业	① 盲目抢工期 ② 违法、违规指挥 ③ 超出承载力组织工作 ④ 使用不合格施工机具、安全工具和器具 ⑤ 不按规定立杆、撤杆、松线、紧线 ⑥ 在存放易燃、易爆物品或禁火区域携带火种或使用明火 ⑦ 货运索道载人 ⑧ 违反起重"十不吊"规定 ⑨ 营销人员操作客户设备 ⑩ 驾驶人员在行车途中玩手机
7	擅自解锁操作	① 不按规定操作防误闭锁装置 ② 擅自开启带电设备保护隔离设施
8	关键人员擅自离岗	① 工作负责人（专责监护人）擅自离开现场 ② 三级及以上施工风险点无"三个项目部"人员 ③ 施工作业层班组骨干未按配置要求到位
9	约时停电、送电	不按规定停电、送电
10	安全考试弄虚作假	① 安全考试作弊 ② 批阅试卷弄虚作假

一、作业未受控

① 计划性作业未纳入受控管理。

　　2017 年，某公司开展低压台区配电箱计量检查时，工作人员未按计划工作，作业现场缺少安全管控，发生人身触电事故。

② 临时作业未经分管领导审批。

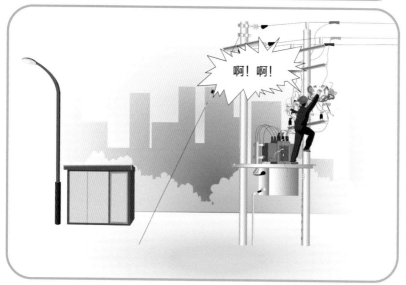

2020 年，某公司进行低压台区公用变压器检修工作结束后，作业人员未经汇报许可，擅自进行故障抢修，导致触电坠落，经抢救无效死亡。

③ 风险作业未纳入风险管控。

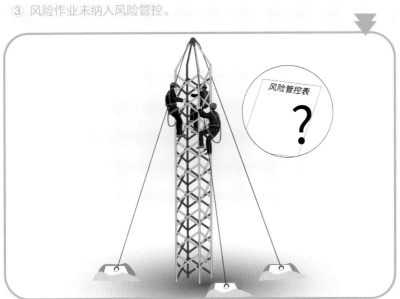

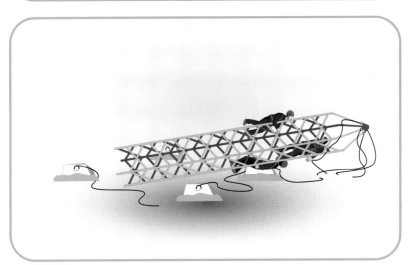

　　2015年，某线路工程施工分包单位在未经施工项目部批准的情况下，未按照施工方案规定工序组立抱杆，防倾倒临时拉线措施不足，导致抱杆倾倒，造成3人死亡。

二、方案措施未审批

① 未按规定开展现场勘查。

2014 年，某公司所属集体企业进行某 10kV 线路 39 号杆台区低电压改造工作，在作业前未认真进行现场勘查，未明确需要检修的线路，作业人员没有验电就装设接地线，造成人员触电伤亡。

② "三措一案"（组织措施、技术措施、安全措施和作业方案）未按要求分级审批。

　　2017 年，某公司所属集体企业承建 110kV 输电工程，工程项目施工管理混乱，分包单位未按要求审批方案措施。在输电线路紧线过程中，因技术措施不足导致铁塔倾覆。

③ 未签证投入使用重要设施、转接重要工序。

2016 年，某公司 220kV 变电站 110kV 线路停运检修，工作班成员交接工作任务时没有交代清楚危险点，缺少接地线保护，导致 1 人因感应电触电死亡。

三、安全措施不足

① 运行、检修设备未明显隔离。

　　2010 年，某公司在 220kV 变电站实施 10kV I 段母线电压互感器更换工作，未对带电避雷器采取明显隔离措施，导致人员触电死亡。

② 接地保护措施不足。

2018年，某公司进行线路参数测试工作，在未将线路接地的情况下，直接拆除测试接线，导致人员因感应电触电伤亡。

③ 在作业过程中失去安全保护。

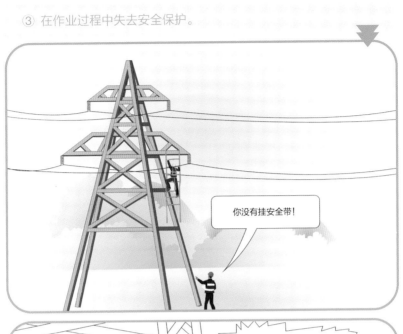

　　2009 年，某公司进行 500kV 线路更换绝缘子作业。作业人员在安全带保护绳扣环未扣好的情况下，手扶合成绝缘子、脚踩软梯下线，不慎踩空坠落，导致 1 人死亡。

④ 在有限空间作业前不通风、不检测。

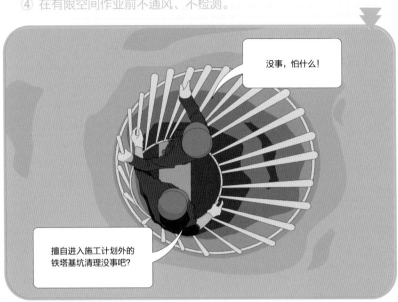

　　2019 年，某公司劳务分包人员未采取通风和检测措施，擅自进入铁塔基坑，开展清理工作，造成 2 人窒息死亡。

⑤ 电动机械或电动工具未做到"一机一闸一保护"。

　　2016年，某公司进行建筑工程施工作业，分包单位作业人员使用电动工具，从临近电源私自搭接电源线，未按规定采取安全措施，因电钻漏电导致触电事故。

⑥ 危化品"五双"制度不落实（双人收发、双人记账、双人双锁、双人运输、双人使用）。

2015 年，位于天津市滨海新区的瑞海公司危险品仓库发生火灾爆炸事故，造成 165 人遇难、304 幢建筑物、12428 辆商品汽车、7533 个集装箱受损。

四、人员队伍不合格

① 安全考试不合格人员担任工作票"三种人"（工作票签发人、工作许可人、工作负责人）。

2019 年，在某公司线路检修施工作业现场，参加本单位一季度安全考试不合格的工作负责人监护不到位，导致作业人员触电伤亡。

② 作业现场关键人员非本单位自有人员。

　　2018 年，某公司新建 330kV 线路铁塔施工，外包队伍现场安全管控缺失，无本单位工作负责人到场监护。在进行紧线作业过程中，铁塔倒塌，造成 4 人死亡。

③ 作业队伍、人员资质不合格或有效证件过期。

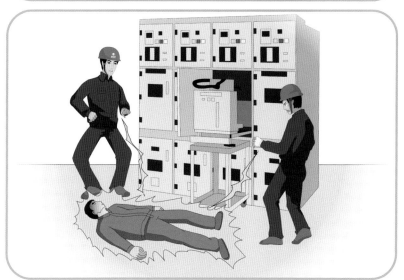

　　2013 年，某公司进行 220kV 变电站 35kV 开关柜内部尺寸测量，现场工作内容超出了安全措施保护范围，对外来人员未进行安全资质审核，使无资质人员进行作业，结果造成 1 人死亡、2 人受伤。

④ 无准驾证人员驾驶公车、船舶。

　　2019年，某公司检修人员无准驾证驾驶公司公务车辆，外出开展工作，发生交通事故，造成车辆损失。

五、无票作业，无票操作

① 不按规定执行"两票"，包括动火工作票、二次工作安全措施票。

> 安全事项讲述不全。

> 带电作业工作票安全描述太多，我们用电力线路事故抢修单来代替。

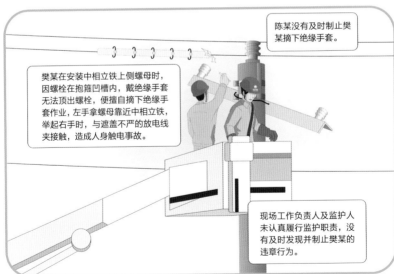

> 陈某没有及时制止樊某摘下绝缘手套。

> 樊某在安装中相立铁上侧螺母时，因螺栓在抱箍凹槽内，戴绝缘手套无法顶出螺栓，便擅自摘下绝缘手套作业，左手拿螺母靠近中相立铁，举起右手时，与遮盖不严的放电线夹接触，造成人身触电事故。

> 现场工作负责人及监护人未认真履行监护职责，没有及时发现并制止樊某的违章行为。

　　2010 年，某公司作业人员带电处理某 10kV 线路 10 号杆中相绝缘子破损和导线偏移紧急缺陷。在带电处理缺陷时，作业人员未使用带电作业工作票，在作业过程中未正确使用绝缘手套，导致 1 人触电身亡。

② 超范围作业。

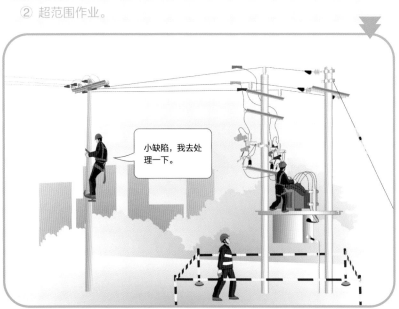

2019 年，在某公司配网台区变压器抢修工作中，工作人员擅自增加工作内容，扩大作业范围，导致人员触电身亡。

③ 不按顺序倒闸操作。

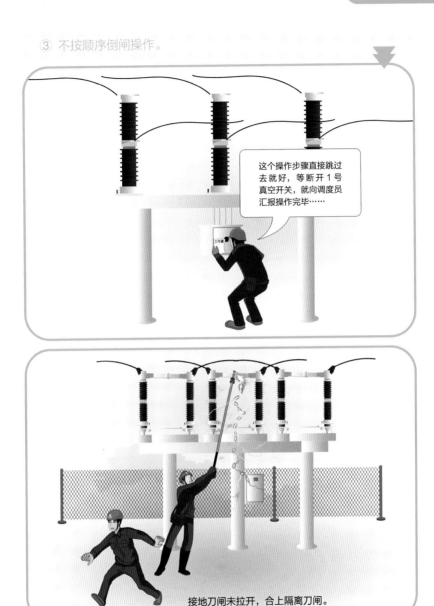

2013 年，某公司进行 10kV 出线停电作业，工作人员擅自变更操作顺序，跳项执行倒闸操作票，导致线路工作人员伤亡。

六、冒险作业或强令冒险作业

① 盲目抢工期。

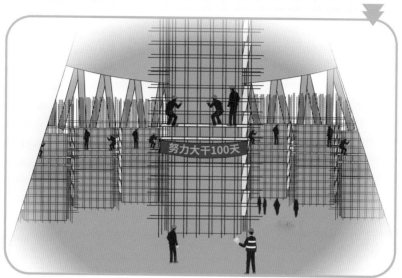

　　2016 年，在某冷凝塔土建施工期间，工程施工建设单位未经论证、评估，违规缩短工期。施工人员在混凝土强度不足的情况下拆除模板，造成重大坍塌事故。

② 违法、违规指挥。

　　2002 年，某化工厂使用吊车装卸不锈钢板，现场指挥人员未及时发现同一区域的作业人员。结果，钢板因超重脱离吊钩坠落，砸中作业人员，被砸人员经抢救无效死亡。

③ 超出承载力组织工作。

　　2014 年，某公司线路立杆施工现场，因作业人员不足，杆塔倾倒，砸中拉线的工作人员，造成人员伤亡。

④ 使用不合格施工机具、安全工具和器具。

　　2004 年，某公司台区低压线因暴风雨短路断线，配电变压器熔断器熔丝熔断。在进行故障抢修时，工作人员使用防雨罩破损的绝缘杆操作跌落式熔断器，造成人员触电事故。

⑤ 不按规定立杆、撤杆、松线、紧线。

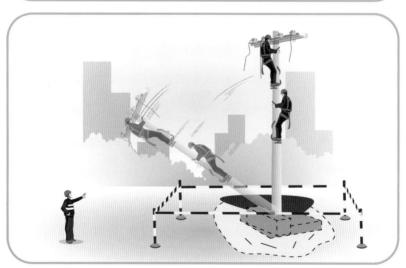

　　2017 年，某承包单位开展新建配电线路施工作业，未按规定事先夯实电杆基础，不安装临时拉线，结果发生倒杆事故，导致两名作业人员坠落，经抢救无效死亡。

⑥ 在存放易燃、易爆物品或禁火区域携带火种或使用明火。

2017 年，在某市一座加油站，某男子为查看油箱是否加满，不遵守相关规定，擅自使用打火机照明，引发大火。

⑦ 货运索道载人。

2018 年，某公司 4 名劳务人员，私自上山清理物料。在返回驻地时，他们违规乘运送物料的运货缆车，结果滑索失控，缆车解体，4 人高空坠落死亡。

⑧ 违反起重"十不吊"规定。

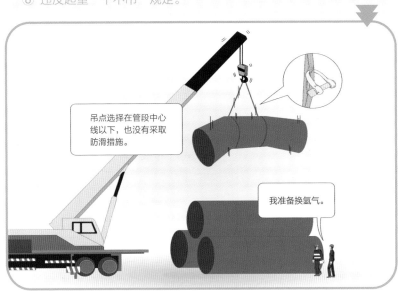

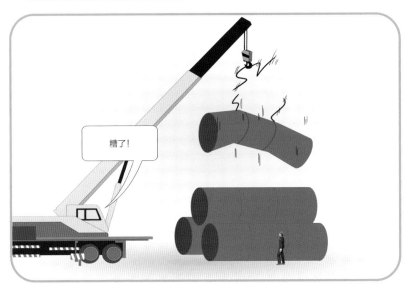

　　2000 年，某工程公司起重班指挥吊车吊装炉管。因为吊点选择在管段中心线以下，同时未采取防滑措施，所以钢丝绳在起吊后滑动，在卡环处断裂，导致钢管坠落，将地面准备换氩气的电焊工挤压致伤。

⑨ 电力公司人员操作客户设备。

　　2013 年，某公司对客户自建 10kV 配电室业扩项目进行竣工验收。采集系统运行维护班工作人员没有确认无电且没有采取安全措施，擅自打开关柜核查二次接线，与带电设备安全距离不足，造成 1 人触电死亡。

⑩ 驾驶人员在行车途中玩手机。

　　2015 年，方某驾驶重型半挂牵引车行驶，一边驾驶一边接听手机，没有注意观察公路上的情况，刮碰了前方由张某驾驶的同向行驶的电动自行车。

七、擅自解锁操作

① 不按规定操作防误闭锁装置。

2010 年，某公司计量人员组织对用户业扩设备进行验收，强行打开具有带电闭锁功能且带电运行的高压计量柜门进行检查。在查看高压计量装置铭牌时，1 人误碰 10kV C 相桩头，触电死亡。

② 擅自开启带电设备保护隔离设施。

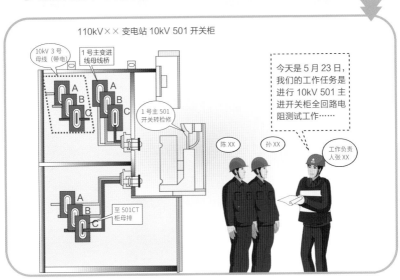

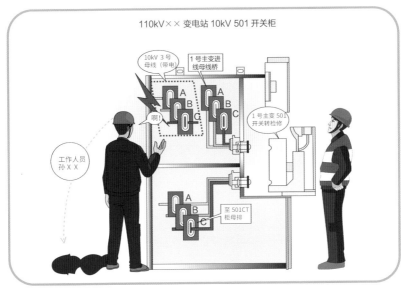

2015 年，某公司进行 110kV 变压器检修试验，工作人员擅自打开变压器低压侧开关柜上柜门母线桥小室盖板，触碰到未停电的 10kV 3 号母线，触电身亡。

八、关键人员擅自离岗

① 工作负责人（专责监护人）擅自离开现场。

　　2011年，某公司实施10kV线路停电更换耐张杆作业，没有安装临时拉线，工作负责人未办理交接手续便离开工作现场。配电检修人员擅自登杆，导致电杆倾倒，造成1人死亡。

② 三级及以上施工风险点无"三个项目部"人员。

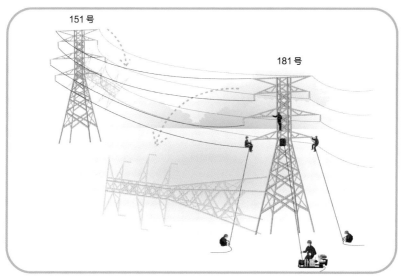

　　2017年，某公司进行新建500kV线路组塔施工作业，工程建设单位、监理单位及外包队伍的现场安全管控缺失。在进行紧线作业过程中，铁塔倒塌，造成4人死亡。

③ 施工作业层班组骨干未按配置要求到位。

　　2014 年，某中学体育馆及宿舍楼工程，作业人员在基坑内绑扎钢筋时，筏板基础钢筋体系发生坍塌，造成 10 人死亡、4 人受伤。工程队并未按照相关规定配备 2 名以上专职安全生产管理人员。

九、约时停电、送电

不按规定停电、送电。

    2018 年，某供电公司进行计划的输电线路停电检修工作。线路工作负责人未汇报工作结束，变电运行维护人员、调度值班员便按照工作计划结束的时间和电话约定恢复送电，导致正在杆上施工的人员发生触电事故。

十、安全考试弄虚作假

① 安全考试作弊。

② 批阅试卷弄虚作假。

2020 年，某市应急管理局执法人员在执法检查时，发现某公司制作虚假的安全生产教育培训台账，多份作答试卷和考试签到表的笔迹相似，存在明显的弄虚作假行为。

第二章

管理违章

MANAGEMENT VIOLATION

一、责任落实

安全第一责任人不按规定主管安全监督机构。

未明确和落实各级人员安全岗位职责。

××× 供电局
各级人员安全生产职责

安全第一责任人
安全职责：？

工区主任
安全职责：？

班组长
安全职责：？

安全保证体系和安全监督体系不健全。

安全生产措施、计划和资金未落实。

未按规定使用安全费用、奖励基金。

迟报、漏报、瞒报、谎报安全事件信息。

未严格按照"四不放过"要求，组织对各类安全、质量事件开展调查，并规范编写事件调查报告。

建设工程项目违反"三同时"要求。

不具备"五项基本条件"开（复）工。

未按规定成立"三个项目部"。

工程项目未验收即投入运行。

未按规定签订生产现场作业"十不干"承诺书、知晓书。

两个及以上不同企业单位在同一作业区域内作业，对于可能危及对方安全的作业活动，未签订安全协议。

设计、采购、施工、验收未执行有关规定，造成严重装置违章。

安全风险管控不按要求到岗到位。

未按规定组建市、县两级安全稽查队伍。

没有定期（每年）公布工作票签发人、工作负责人、工作许可人、有权单独巡视高压设备人员名单。

未逐级签订安全责任书。

变压器消防装置未投入使用。

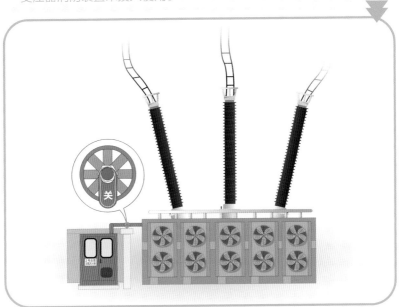

未按规定对调控规程、运行规程等进行修订、审批和发布。

二、教育培训

未定期对所属二级机构和单位负责人、专业技术人员进行安全培训和考试。

三、例会活动

未按规定规范召开安全例会。

重大安全事项未及时组织召开专题分析会，并采取针对性措施。

四、工作计划

现场作业未通过管控平台统一管控。

未及时编制发布现场作业受控表。

未及时编制发布月度、周停电检修计划。

五、安全设施类

未按规定配置现场安全防护装置、安全工具、器具和个人防护用品。

安全工具、器具未按规定试验、存放和报废。

起重设施（如绞磨、吊车、卷扬机、链条葫芦、抱杆等）不满足安全要求。

移动式电动机械、手持电动工具、电焊机等不符合安全要求。

基坑开挖、沟道、高处作业等临边处无警示标志。

深基坑开挖放坡不足，无防止塌方措施，坑边堆土过高，且距离坑边过近。

机械设备转动部分不符合安全防护要求。

氧气瓶、乙炔瓶管理防护不符合要求。

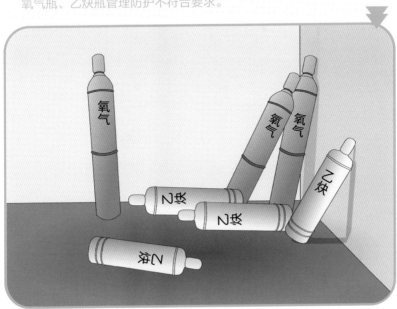

六、外来队伍、人员管理

四次列入"负面清单"的分包队伍未纳入"黑名单"管理。

在进场作业前，未签订合同和安全协议。

七、安全技术劳动保护措施

未按要求编制安全技术措施计划。

八、组织措施

未按要求开展现场勘查并填写记录。

现场勘查记录无附图，接地线装设点和主要风险点未标示。

工作负责人未严格执行许可制度。

未按规定和现场实际情况指派专责监护人。

未设专人监护进入蜗壳和尾水管。

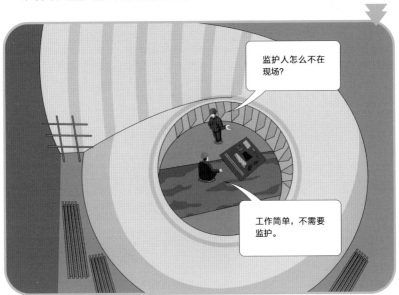

九、电网风险管控

不按规定开展电网运行风险预警管控和报备工作。

十、缺陷、隐患管理

危急、严重缺陷在规定时间内未消除，且未采取相应措施。

隐患排查治理工作缺乏闭环管理。

重大隐患消除工作未执行"两单一表"制度。

十一、检修、施工管理

现场作业内容与工作计划不符。

安全措施未交代或交代不清。

立杆、架线未设专人指挥。

监护人员参与现场作业。

施工现场的易燃、易爆和有毒物品未存放在危险品仓库内。

十二、输电、变电、配电设备管理

多方电缆共用电缆沟道，职责不清晰。

电力电缆和配电变压器等设备终端未加装避雷器。

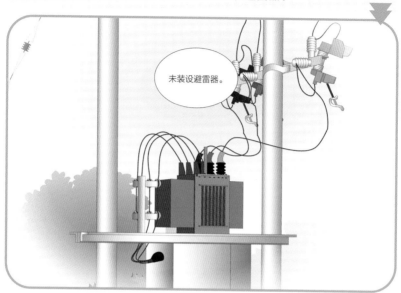

电气设备外壳无接地。

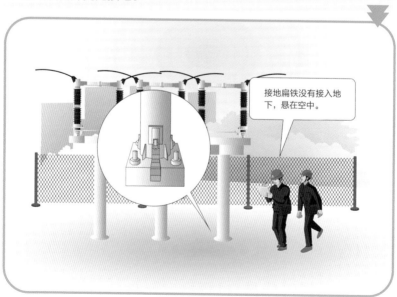

变电站避雷针上安装探照灯、搭挂通信电缆等。

十三、信息通信、自动化管理

未按《网络安全法》要求开展等级保护备案、测评。

安全防护系统、设备的特征库未按期更新。

计算机系统未按规定安装防病毒软件。

信息通信核心系统（设备）未设置安全策略。

十四、调控管理

延误执行调度指令。

未落实电网运行方式安排和调度计划。

电网设备无继电保护运行。

保护定值单由一人计算和校核。

十五、用电管理

用户供电、用电设施安全检查不到位，造成越级跳闸。

供电、用电合同未明确安全责任和产权分界。

十六、电力设施保护

针对在线下违章建房、植树、施工等情况，未及时向责任方送达隐患整改通知书，并向政府部门报备。

十七、交通管理

外租车辆无租赁合同、安全协议。

十八、消防管理

消防疏散通道、安全出口门被封堵或锁死。

重点防火区域乱堆放无关杂物，堵塞消防通道和设施。

十九 、应急管理

应急管理体系不健全，应急抢修队伍未建立。

应急预案不全或未按规定报备。

二十 、违章管理

管理人员对违章行为不制止、不纠正。

专业部门不按规定开展反违章工作。

自查、自纠违章行为"弄虚作假"。

第三章

装置违章
DEVICE VIOLATION

一、安全工具、器具类

安全带（绳）断股、霉变、损伤或铁环有裂纹、挂钩变形、缝线脱开等。

脚扣表面有裂纹、防滑衬层破裂，脚套带不完整或有损伤等。

接地线严重断股，连接不良，塑料护套破损。

绝缘杆破损，受潮。

绝缘手套、绝缘靴破损，老化，受潮。

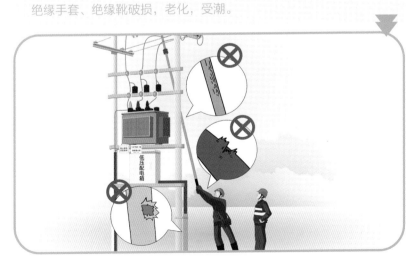

人字梯、直梯连接不可靠，没有防滑垫，没有限制跨度线和防散架的措施。

绝缘绳有松股、断股等现象。

安全工具（如螺丝刀、扳手等）未安装绝缘防护套或绝缘防护套未起到绝缘防护作用。

安全帽过期，帽壳破损，缺少帽衬（帽箍、顶衬、后箍），缺少下颚带等。

二、机具类

起重机械（如绞磨、吊车、卷扬机等）无制动和逆止装置，或制动装置失灵，不灵敏。

钢丝绳有断股、扭结、严重磨损、锈蚀或明显散股的现象，断丝数超过标准。

电焊机金属外壳无可靠的保护接地措施。

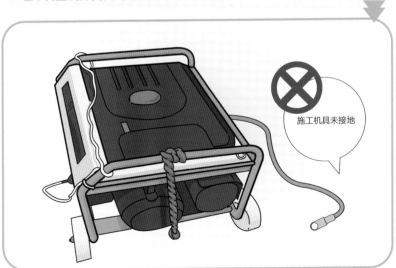

三、变电设备类

电气设备不具备防误操作功能或该功能失效。

防误操作功能失效，接地刀闸未拉开，合上隔离刀闸。

电气设备无双重名称或名称编号并非唯一。

3511开关

应改为
3511平上线
开关端子箱

金属封闭式开关柜设备未按照国家标准、行业标准设计制造压力释放通道或压力释放通道螺丝为金属螺丝。

金属封闭式开关柜内避雷器、电压互感器等设备未经隔离开关（或隔离手车），与母线直接连接。

金属封闭式开关柜内隔离金属活门机构不能独立锁止。

金属封闭式开关柜母线及出线隔室后柜门未实现强制机械闭锁。

后台监控与防误闭锁装置未实时通信，开关量位置不一致。

直流系统对负载供电，未按电压等级设置分电屏供电方式，仍采用直流小母线等供电方式。

直流系统的馈出网络未采用辐射状供电方式。

四、输电、配电类

平行和同杆架设的多回路输电、配电线路无运行标识和安全警示标识。
杆塔无双重名称或名称编号并非唯一。

高压、低压设备对地、对建筑物等安全距离或风偏距离不够，未采
取相应安全措施。

杆塔脚钉、塔材、螺栓、防盗帽以大代小。
使用不合格的地脚螺栓。

配电设备渗漏油，污秽严重。

五、信息、通信、自动化类

220kV 及以上线路保护、稳控通道不满足双通道要求。

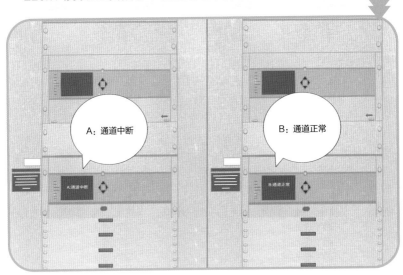

信息通信核心设备不满足双路供电要求。

六、其他

电力设备拆除后，仍留有带电部分未处理。

机械设备转动部分无防护罩。

第四章
行 为 违 章
BEHAVIOR VIOLATION

一、安全工具、器具和劳保用品

不正确使用安全工具、器具或施工机具。

不按规定佩戴护目镜（装卸高压熔断器，低压带电工作，带电断、接空载线路，带电清扫，配电线路带电作业，以及气焊、车、铣、刨、用砂轮磨工件、向蓄电池内注入电解液等）。

二、工作票、施工作业票

工作负责人未收取、执行工作票或施工作业票。

一个工作负责人同时执行多张工作票。

在同一实际工作时间段内，同一工作负责人、工作班成员重复出现在不同的工作票上。

在一张工作票中，工作票"三种人"违反安全管理规定，互相兼任。

在二次回路上工作，工作票上没有按要求将投退联跳压板写入安全措施栏。

第一种工作票未得到全部工作许可人许可就开始线路和配电作业。

工作票上的设备名称、编号等与现场不一致。

工作票中写明装设的接地线与工作终结时拆除的接地线数量不一致。

工作票计划、签发、许可、接地线装拆、延期、终结等时间未填写或时间顺序不符合安全管理规定。

工作票、操作票、作业卡漏签名，提前签名，代签名，签错位置。

非本企业施工、检修单位单独在变电站或正在运行的电力线路上工作，设备运行维护管理单位和施工、检修单位未对工作票实行双签发。

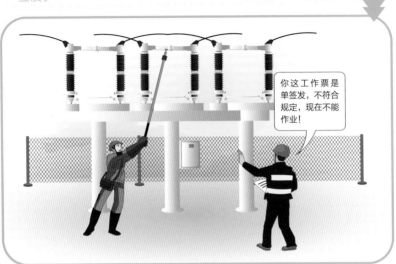

变电工作许可人未按工作票所列安全措施及现场条件在工作现场采取安全措施。

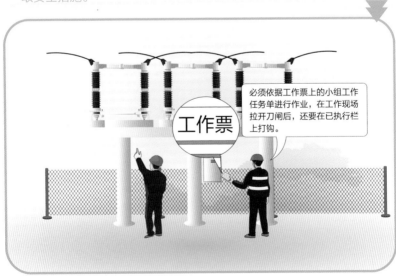

在用户设备上工作，在得到工作许可前，工作负责人未检查并确认用户设备的运行状态和安全措施是否符合作业的安全要求。

三、工作监护

在监护过程中，监护人擅自离开工作现场。

在倒闸操作、高压试验中不进行监护和呼唱。

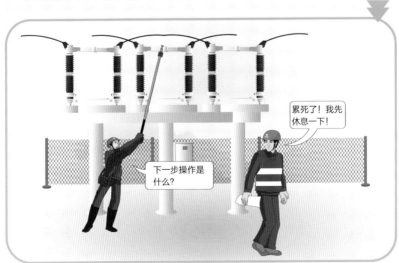

四、工作间断、终结

在工作延期、终结时，未按规定及时办理相关手续。

总工作票在分工作票终结前终结。

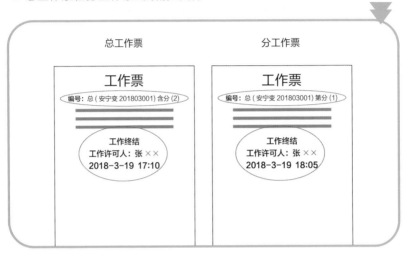

工作负责人在转移工作地点时，未向作业人员交代带电范围、安全措施和注意事项。

在工作间断的次日复工时，工作负责人未告知工作许可人，并重新认真检查、确认安全措施是否符合工作票所提要求。

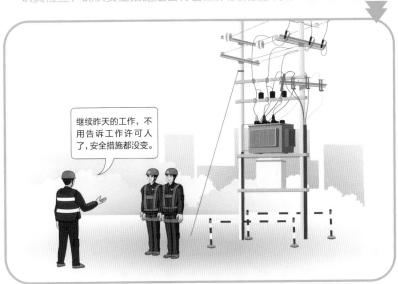

在工作完毕后，运行维护人员没有检查设备状况就终结工作票的执行。

五、验电

在验电前未确认验电器是否良好。

六、装设接地线

在可能产生感应电压的停电线路和设备上工作，未使用个人保安接地线。

正在运行的
110kV 线路

七、悬挂标示牌、装设围栏

在行人道口或人口密集区从事高处作业，未按规定悬挂标示牌，未设专人看守或采取其他安全措施。

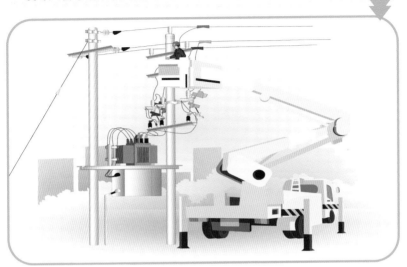

在配电站、开关站、变电站设备检修现场及试验现场，未按规定悬挂标示牌。

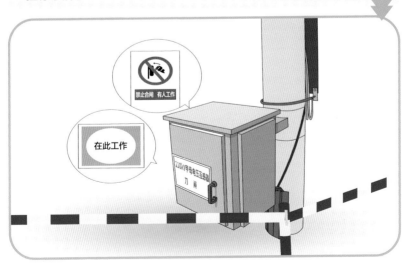

八、巡视维护

在雷雨天气巡视室外高压设备时，靠近避雷器、避雷针；在有雷电时巡线。

在夜间沿线路内侧或在大风时沿线路下风侧巡线。

在低压配电网巡视时，触碰裸露的带电部位。

未经正式批准的人员在电缆隧道、偏僻山区或夜间进行巡视。

未执行持卡巡视制度。

无权单独巡视高压设备的人员进行巡视工作。

在单人巡视时，打开高压配电设备柜门、箱盖。

九、倒闸操作

在远方遥控未经验收合格的断路器或刀闸。

在遥控操作前不核对现场信息，不进行模拟操作；在遥控操作后不核对"四遥"信息。

不按规定使用"双人双机"进行遥控操作。

违反规定单人操作。

操作票内容与相关工作票任务不对应。

在母线进线柜、出线柜停电前未检查带电显示装置是否完好。

在存在危险操作时，未采取相关防护措施。

不按规定停电、验电、接地、装设围栏。

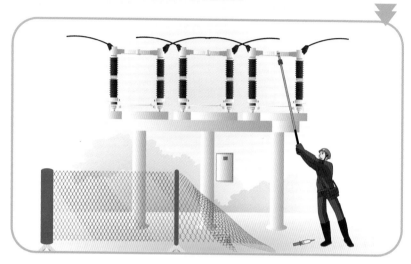

擅自更改操作票，或漏项、跳项操作。

不认真核对断路器、刀闸位置信号，强行操作。

十、高处作业

利用绳索、拉线上下杆塔或顺杆下滑。

登杆前不检查基础、杆根、爬梯和拉线。

高空作业车在作业平台载人时移动车辆。

高处作业不按规定搭设脚手架，使用高空作业车、升降平台或采取其他安全措施。

起重臂跨越电力线进行作业。

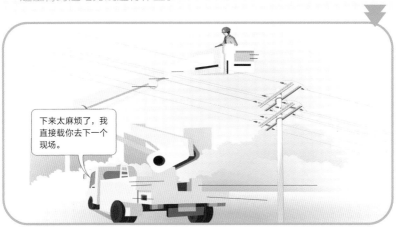

在变电站、配电站的带电区域或临近带电线路处，使用金属梯子。

十一、检修作业

在开工前，工作负责人未向全体工作班成员宣读工作票，不明确工作范围和带电部位，未交代安全措施或交代不清。

在电源箱内用铜丝、铅丝等其他金属丝代替保险丝。

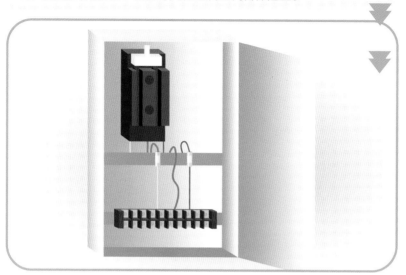

正在运行的设备进行 SF6（六氟化硫）试验、补气时，检修及试验人员不戴防毒面具。

在检修设备时，没有按工作票要求投退继电保护联跳压板。

在二次回路上工作，未按要求退出相关二次回路和继电保护联跳压板。

将未经杀毒的外接设备接入综合自动化系统和保护系统。

在检修电容器前未将电容器放电并接地。

在检修作业前未落实防止二次反送电措施。

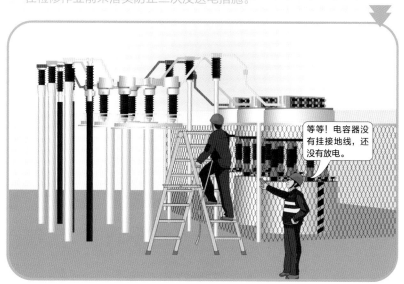

在继电保护、安全自动装置及自动化监控系统进行传动试验或一次通电时，未通知运行人员和有关人员。

未按照要求使用二次工作安全措施票。

未经审批和验证，擅自变更二次回路。

无监护进行登高、近电等危险作业。

在开关机构上进行检修工作，未拉开相关动力电源。

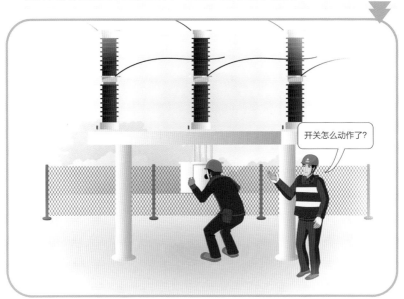

在闸门吊起状态下，进行气割、焊接及其他降低闸门金属结构强度的检修工作。

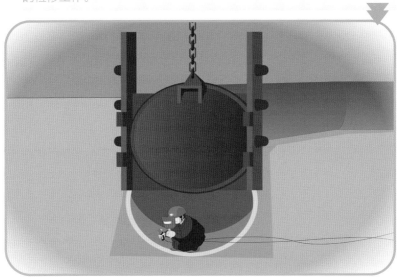

十二、基建施工

高空锚线无二道保护措施。

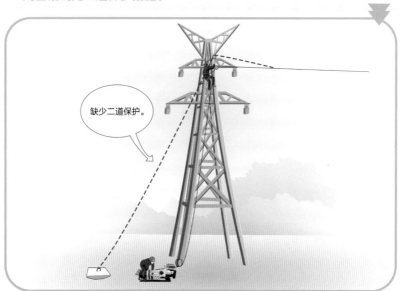

在搅拌机工作时将头或手伸入料斗与机架之间。

在 110（66）kV 及以上变压器运输过程中，未按照相应规范安装具有时标且有合适量程的三维冲击记录仪。

十三、带电作业

开展未经批准的带电作业项目。

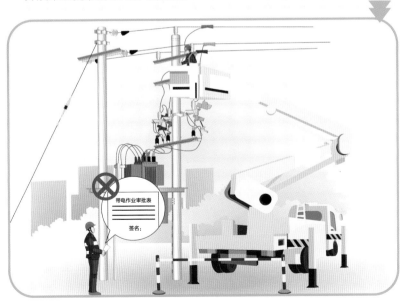

地电位电工直接向中间电位电工传递非绝缘工具。

在带电作业过程中穿、脱人身防护用具。

在带电作业时不按规定传递工具。

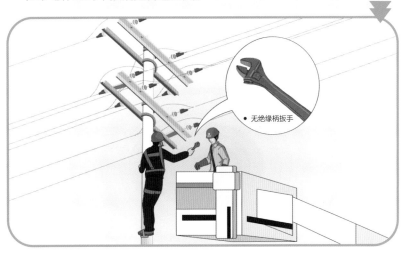

作业人员未穿戴绝缘防护用具就进行配电带电作业。

作业人员使用不合格的绝缘防护用具开展现场作业。

输电线路良好，而绝缘子已经小于相应电压等级要求的片数，仍继续进行带电作业。

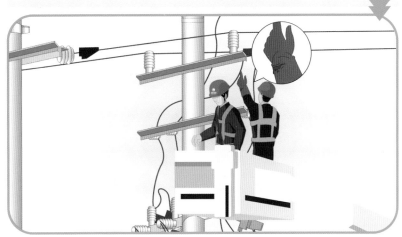

十四、线路作业

在带电体上下传递物件，未使用绝缘绳索。

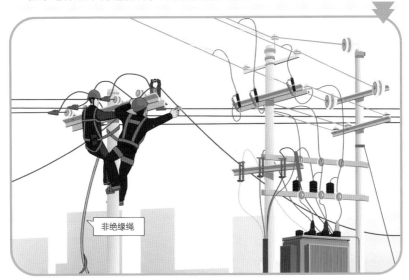

非绝缘绳

在居民区及交通道路附近开挖基坑，未设置坑盖或可靠遮拦物等防范措施。

在公路、铁路等交通要道上放线、撤线时，未设置警告标志，未设专人手持信号旗帜看管。

在同杆（塔）架设的 10kV 及以下线路带电情况下，进行另一回线路的停电施工作业。

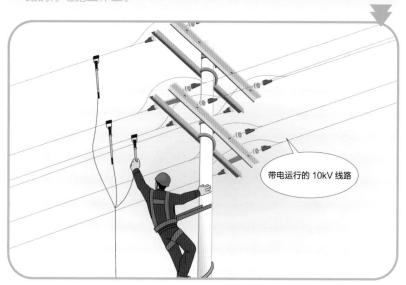

带电运行的 10kV 线路

在导地线升空时，用人体压线或者跨越即将离地的导地线。

未采取有效保护措施，防止导地线在放线、紧线、连接及安装附件时损伤。

工作人员位于受力钢丝绳内角侧或人体跨越受力钢丝绳。

用小型基础和非固定物做地锚。

登杆前不核对线路运行标识。

在根部、基础和拉线不牢固的杆塔上工作。

无监护进行登高、近电等危险作业。

穿越未停电或未采取隔离措施的绝缘导线进行作业。

立、撤杆塔时，基坑内有人。

利用绳索、拉线上下杆塔或顺杆下滑。

采用突然剪断导线、地线的做法松线。

在杆塔上有人时，调整或拆除拉线。

十五、电缆作业

在开断电缆前未核对电缆走向，未采取安全措施。

未确定检修的电缆即进行打钉工作。

在进行电缆故障声测定点时，用手触摸运行电缆外皮或冒烟小洞。

敷设电缆未设专人指挥。

十六、起重作业

起重作业无统一指挥，指挥信号不明。

在带电设备附近进行吊装作业，安全距离不够，未采取有效措施。

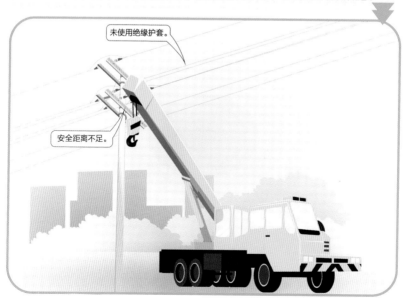

在起吊或牵引过程中，受力钢丝绳周围、上下、内角侧和起吊物下面，有人逗留。

十七、动火作业

在易燃物品及重要设备上方进行焊接作业时，无专责监护人，未采取防火等安全措施。

在装过易燃液体、尚未洗干净的容器上实施焊接或切割作业。

正在使用的氧气瓶、乙炔瓶未垂直固定放置，乙炔瓶与氧气瓶混在一起。

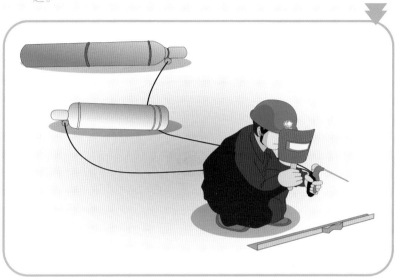

易燃、易爆物品不按规定运输、存放和使用。

十八、信息通信、自动化

在进行通信检修时，对保护等重要业务未采取相应保护措施。

未经许可删除公司核心业务系统监控日志。

未经许可开通（删除、变更、盗用）核心系统账号和权限。

未经许可改变安全设备策略。

未经许可变更变电站监控信息表。

将计算机系统违规与外部连接。

泄露公司核心业务数据。

十九、交通安全

酒后驾驶，闯红灯。

超速驾驶车辆。

私自拆卸或关闭车载 GPS 设备。

在"派车单"所列范围之外行车。

驾驶有故障的车上路（方向、制动系统及其他机械故障）。

车辆乘员不服从驾驶员劝导，强令驾驶员冒险驾驶，或对驾驶员违章现象不制止。

驾乘人员不正确系安全带。

在冰雪路面行驶，未配备使用防滑链。

用客车装载坚硬的或重型货物行驶。

运载重物，客货混装行驶。

二十、其他

在工作人员或机具与带电体不能保持规定的安全距离时，未采取必要的防护措施。

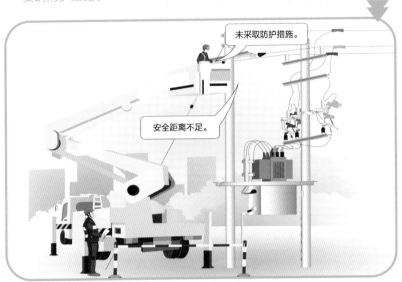

在带电设备周围使用钢卷尺、皮卷尺和线尺（夹有金属丝的）进行测量工作。

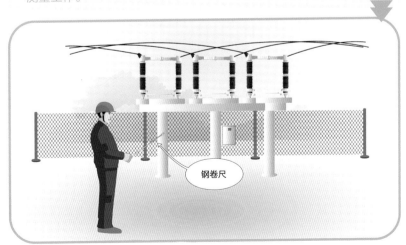

将正在运行的转动设备的防护罩打开后未关闭。

单人开展用电检查和计量现场工作。

未经会审，为客户受电工程接电。

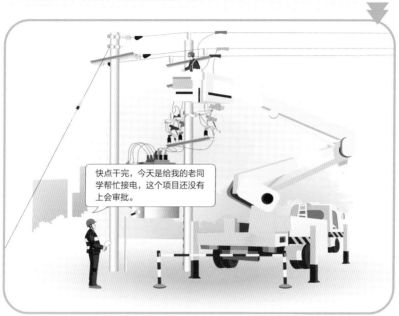

在饮酒和吸毒后进行作业。

未经许可，处理营销自动化系统后台数据。